FRANÇOIS ESCRIVA

Culture racer

E/P/A

SOMMAIRE

AVANT-PROPOS

Pour les générations actuelles, ce n'est pas difficile de devenir motard. La rue est une vitrine permanente, sans parler des expositions et compétitions diverses relayées par les médias... Au début du XXe siècle, la passion était moins répandue car le « produit » n'était pas largement diffusé. Il fallait une occasion, un événement, pour découvrir et, encore mieux, pouvoir pratiquer l'objet.

Ce fut le cas pour mon grand-père Georges, né à Alger en 1899. Parti très tôt pour la Grande Guerre, il découvrit sur le front les premières motocyclettes et devint motard. Quand il revint à la vie civile, ses premiers salaires servirent à financer sa première moto. Chose rare pour l'époque, ma grand-mère Marie-Louise devint passagère et utilisatrice des inconfortables sièges arrière, montés en amazone, puis des « tan-sads », bien plus confortables sur toutes les motos sans suspension arrière. Elle fut quelquefois « éjectée » de son siège ! Ils furent dans les premiers à pratiquer le « bi » sur une 500 cm³ de 1925 de la marque belge Saroléa. Mon grand-père effectua le rallye

LA PASSION POUR LA MOTO PEUT SE DÉCOUVRIR À TOUT ÂGE…

Alger-Oran et plusieurs courses en circuit, avant de devenir un spectateur assidu pendant les années 1950 des compétitions locales où les premiers cafés racers (Norton Manx 500, Monet-Goyon, BSA, Terrot) commençaient à fleurir dans les écuries qu'il visitait avec mon père, invité par les responsables des équipes.

Cette passion fut ainsi transmise à mon père, qu'elle ne quitta jamais tout à fait. Les musiques des moteurs deux et quatre temps résonnent encore dans ses oreilles, amplifiées par les sorties d'échappement en « tromblons ».

Il m'emmena dès mon plus jeune âge aux rassemblements de vieilles bécanes, m'initiant au parfum délicat de l'huile de ricin. À l'époque, avec mon bermuda à bretelles en velours côtelé et ma petite chemisette blanche, je dévorais des yeux ces machines. Je garde notamment le souvenir d'un pilote octogénaire au départ d'une course de côte : posé sur un engin inconnu du môme que j'étais, le grand-père attendait dans sa combinaison en cuir aux genouillères râpées, coiffé d'un casque bol et de lunettes d'aviateur. Le choc, la claque, le coup de massue… « Mais bon sang, c'est pas comme ça un papy ! », me disais-je.

Bien des années plus tard, c'est en tombant par hasard dans les rues de Lyon sur une Suzuki GSX-E en mode café racer, signée Kikishop Customs alias Jérémie Magri, préparateur dont j'avais déjà pu voir quelques créations, que me vint l'irrépressible envie de rendre hommage à ces motos, à ces pilotes et à ceux qui les préparent. Le jour même, je trouvai la page Facebook de Jérémie et lui présentai mon projet, celui qui allait aboutir à ce livre. Réponse le lendemain, rencontre le surlendemain : impossible de reculer, c'était parti.

LES ORIGINES DU CAFÉ RACER

Un café racer, qu'est-ce que c'est exactement ? Le terme est devenu tellement à la mode qu'on en oublie ses origines. Une fois n'est pas coutume, ce concept nous est venu directement de la perfide Albion, au début des années 1960. À cette époque déjà, les motards, compétiteurs ou non, avaient pour préoccupation de rendre leur machine plus belle, plus performante et toujours plus originale. Dans ce contexte de liberté d'après-guerre, qui voyait l'explosion de la contre-culture rock et des clubs de motos et le foisonnement des circuits, naquit très vite l'idée d'organiser des courses avec des motos dérivées de la série. Le concept présentait l'avantage de permettre à chacun de participer à des courses pour des budgets raisonnables avec sa machine de « presque » tous les jours. Pour dresser un parallèle hasardeux, c'est un peu comme si aujourd'hui une mère de famille trafiquait sa Twingo dans son garage, y installait un moteur de Golf GTI et allait faire un run avant de passer récupérer ses courses au Drive ! Les motards se rendaient donc sur circuit pour participer à des courses éliminatoires de quatre tours aussi appelées « short circuits », se déroulant sans interruption du matin jusqu'à l'ouverture des pubs l'après-midi, où ils pouvaient donc aller littéralement « courir les terrasses ».

Très vite, une foule d'accessoires adaptés à la course permit aux passionnés de préparer leur moto, grâce à une législation autorisant le mélange d'éléments de plusieurs marques. Ces « bitzas », machines constituées de différentes pièces de récupération, ont favorisé l'émergence de premiers préparateurs de génie, comme Triton, qui utilisait la fiabilité des moteurs Triumph dans l'excellence des cadres de Norton, ou encore Dresda. Par ailleurs, les championnats « Senior Unlimited » étaient le fief des préparateurs-constructeurs professionnels, qui n'hésitaient pas à vendre au public les accessoires et kits moteurs qui faisaient leurs preuves en course. Tout motard avait donc la possibilité de monter n'importe quelle pièce en toute légalité.

LE CAFÉ RACER, C'EST LA RENCONTRE DE LA MOTO DE CIRCUIT AVEC LE MONDE DES PASSIONNÉS DU DEUX-ROUES.

Une chose est sûre, chacun cherchait la formule magique qui permettrait de rendre sa machine imbattable et tous se retrouvaient le soir au pub pour échanger leurs combines ! De nos jours, la culture du café racer s'est perpétuée : les machines sont préparées par des amateurs passionnés dans leur garage mais aussi transformées en véritables œuvres d'art par quelques professionnels poussant la logique de la préparation jusqu'à son paroxysme.

KIKISHOP CUSTOMS
Wersan
KTM
EXC 300
DUCATI MONSTER
S2R 1000
SUZUKI
GSX-E 1100

PASSION DIRT FAKE

Jérémie est un passionné de « dirt fake », un style de course totalement débridé et festif qui voit s'affronter des pilotes par groupes de six sur un anneau de terre, le tout dans une ambiance très rock'n'roll ! Sur sa base de XLS Honda, Jérémie a concocté une petite préparation à base de planche de skateboard en guise de dosseret de selle, le tout surmonté d'un arceau coiffé d'un piston. Mad Max est dans la place !

LE REGARD QUI JAUGE MAIS NE JUGE PAS

son exclusion de l'école, Jérémie intègre le garage d'Hervé où il apprend tout le métier sous l'œil exigeant de son père : « Lorsque tu estimes que tu as fini ton travail sur une moto, il faut que la moto démarre au premier coup de démarreur. » Cet apprentissage dure dix ans, puis le duo se sépare pour des raisons qui n'appartiennent qu'à eux. Dans son entourage, à l'époque, beaucoup lui disent qu'il fait une énorme erreur en partant. Après quelques petits boulots en industrie où il apprend le travail de soudeur dans les règles de l'art, Jérémie décide de monter son premier garage près de Grenoble. Il débute par la préparation d'un super motard KTM et part faire le tour des rassemblements du pays avant d'enregister sa première commande de café racer, une Honda CB 400 Four. Cette moto bénéficiera d'un article complet dans la presse spécialisée, offrant à Jérémie une réelle légitimité dans le monde des préparateurs. Jérémie retourne s'installer à Lyon, près de son père. Les événements vont alors rapidement s'enchaîner, avec en 2013 la commande de la Ducati Monster dont le style fera couler beaucoup d'encre. On aime ou on déteste, mais la moto annonce le style Kikishop Customs : trapue, basse, avec une touche néo-rétro. En parallèle, Jérémie se fabrique en un mois et demi la machine qui incarne le mieux aux yeux de beaucoup son style unique : la GSX-E 750. Les deux motos sont présentées au salon de Vérone 2014, LE rassemblement européen des café racers : l'une, la Ducati, sur le stand café racer de la concentration, l'autre, la GSX-E, sur le stand d'un magazine sur lequel Jérémie est invité. La Ducati remportera le titre de « café racer de l'année », apportant à Jérémie la reconnaissance de ses pairs dans le milieu du custom.

KIKISHOP

NÉ AU MILIEU DES MOTOS

L'atelier Kikishop Customs est situé à Chasse-sur-Rhône, à trente minutes de Lyon. Sur le parking, un énorme pick-up Chevrolet noir brillant semble absorber comme un trou noir toute la faible lumière du printemps qui s'annonce. Arrivé sur les lieux, je découvre non pas un mais deux ateliers côte à côte. Une vieille pompe à essence des années 1960 borde l'entrée du premier, celui du père de Jérémie, au fronton duquel est écrit « Choppers Local Hervé ». Le nom ne laisse planer aucun doute. Ici on prépare des Harley et le chopper turquoise et son interminable fourche viennent le confirmer. Sur la gauche, dans le bâtiment voisin, une énorme porte coulissante en métal laisse entrevoir l'objet de ma présence.

Je reconnais la Suzuki bleue que j'avais découverte en vitrine quelques semaines auparavant, mais aussi bien d'autres trésors. Jérémie fait alors son apparition, clope au bec, m'invitant à entrer d'un geste de la main. L'homme est à l'image de ses créations et conforme à l'idée que je m'en étais faite. Trapu, bad boy. Je lui présente le projet, quelques illustrations ; l'homme a l'air emballé, puis devient songeur. Un silence gênant s'installe… Il relève la tête et me dit : « C'est vraiment super ton travail mais… ça va me coûter de l'argent ? » Je m'empresse de le rassurer et lui explique que mon idée est de venir chaque semaine pour suivre la préparation de trois ou quatre machines. Jérémie me répond par une franche poignée de main et me donne carte blanche. L'homme n'est pas venu à la préparation moto par hasard : son père, Hervé, est un préparateur phare du monde des Harley-Davidson et Jérémie a grandi entouré de belles machines et de pièces moto. Son initiation à la mécanique et à la préparation débute à douze ans sur une petite Gitane Testi 50 CC que son père lui offre et qu'ils transforment ensemble. Trois ans plus tard, le duo s'attaque à une seconde préparation beaucoup plus poussée, une 125 xls. Très vite, l'envie de monter son propre « bouclard » se fait de plus en plus pressante dans la tête de Jérémie, mais son père tempère ses ardeurs en l'envoyant dans un cursus de comptabilité pour lui faire maîtriser les bases de la gestion d'entreprise. Une idée qui pourrait prêter à sourire tant l'homme se situe à des années-lumière d'un travail de bureau ! Cinq mois après

L'ATELIER

Tout atelier de préparateur de café racer qui se respecte est doté de quelques équipements incontournables. Jérémie me présente les siens, avec pour chacun une petite anecdote sur leur histoire.

1

LA SERVANTE TRÔNE AU CENTRE DE LA ZONE ATELIER. ELLE ACCUEILLE LES CLÉS, LES OUTILS ET LA VISSERIE NÉCESSAIRE. C'EST À LA SUITE DE SON DÉPART DE L'ENTREPRISE DE SOUDURE INDUSTRIELLE QUE JÉRÉMIE A PU INVESTIR TOUTE SA FORTUNE DANS CETTE SERVANTE ET SES OUTILS. AU FIL DU TEMPS, SA DÉCORATION S'EST ENRICHIE DE STICKERS DE TOUTES SORTES, MAIS TOUS EN LIEN AVEC L'UNIVERS DU CUSTOM.

2

À SES CÔTÉS, JE DÉCOUVRE UN CASQUE HORS D'ÂGE. LUI AUSSI A ÉTÉ CUSTOMISÉ AVEC UN NOMBRE IMPRESSIONNANT D'AUTOCOLLANTS, UNE CASQUETTE EN GUISE DE REVÊTEMENT INTÉRIEUR ET UN MASQUE DE SKI. JÉRÉMIE SOURIT ET ME RACONTE QU'IL S'AGIT D'UN CADEAU DE SON PÈRE LORS DE SA PREMIÈRE PRÉPARATION. L'OBJET N'A PAS SERVI QU'À ROULER MAIS ÉGALEMENT À AMORTIR LES COUPS DE MATRAQUES DES CRS DANS LES MANIFESTATIONS, COMME EN ATTESTENT LES NOMBREUSES TRACES !

3

NON LOIN DE LÀ, J'APERÇOIS UNE SORTE DE BRAS DESTINÉ À PORTER DES CHARGES LOURDES. JE QUESTIONNE JÉRÉMIE QUI ME RÉPOND PAR ÉNIGME : LE NOM DE L'ENGIN EST CELUI D'UN ANIMAL AVEC LE LAIT DUQUEL ON FAIT DU FROMAGE ! JE TENTE LE MOT << CHÈVRE >> À TOUT HASARD, QUI S'AVÈRE ÊTRE LE NOM DE L'OUTIL.

4

DANS UN COIN DE L'ATELIER, UN ÉNORME TOUR INDUSTRIEL TERMINE DE POSER LE DÉCOR DE L'ANTRE DE JÉRÉMIE. ESSENTIELLE, CETTE MACHINE LUI PERMET D'USINER EN TOTALE AUTONOMIE N'IMPORTE QUELLE PIÈCE D'ACIER, D'ALUMINIUM, OU DE TOUT AUTRE ALLIAGE : AVEC LE TOUR, JÉRÉMIE A PU NOTAMMENT FABRIQUER DES PIGNONS DE SORTIE DE BOÎTE, DES ENTRETOISES D'AXE DE ROUE, DES BASES D'ATTACHE D'UN BRAS OSCILLANT (TAILLÉ DANS LA MASSE DU BLOC D'ACIER BRUT D'UN FUTUR SHOW BIKE).

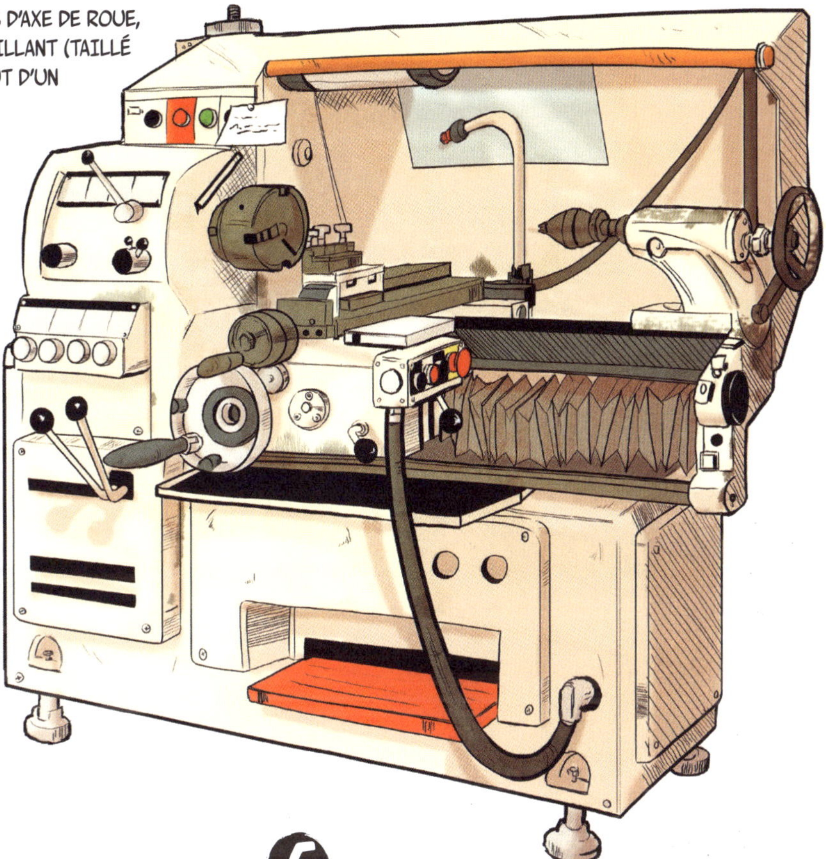

5

DANS L'ATELIER, IL Y A ÉGALEMENT « MINET », LA MASCOTTE DE KIKISHOP CUSTOMS ! UNE MASCOTTE QUI COLLE À L'IMAGE DE LA MARQUE PUISQUE, COMME ME LE PRÉCISE JÉRÉMIE, LE CHAT EST DE RACE, BAS ET TRAPU !

En observant la machine, je m'interroge à voix haute sur la manière dont elle a pu être transportée jusqu'à l'atelier. Pour la ramener, un de ses proches amis travaillant dans une entreprise logistique avait « emprunté » un fenwick. Le tour avait été tout simplement transporté en toute discrétion par la route !

RACER
23

À l'occasion du Salon du 2 roues de Lyon, je découvrirai notamment la mythique Honda CB 750 Four, préparée par Jérémie un an auparavant. En couverture de nombreux magazines, elle avait confirmé son statut, celui d'un préparateur de café racer qui compte sur la scène européenne.
Un des futurs projets phares de Kikishop Customs est présent sur le salon. Malgré l'état d'avancement de la machine, Jérémie tient à montrer ce futur prototype : un dirt track animé par un bicylindre S&S Cubic Inch survitaminé ! Si l'on est loin ici du travail de réalisation d'un café racer, les ambitions et le budget mis dans ce projet justifient à eux seuls sa présentation !

LA CB 500 FOUR

UNE MOTO EMBLÉMATIQUE

Sortie en 1971 suite au succès de sa sœur aînée, la CB 750 Four, la CB 500 Four fut présentée au circuit du Castelet par M. Soichiro Honda en personne. Caractéristique des productions de la marque, sa réputation de machine à la fiabilité sans faille et à la grande facilité de conduite en font aujourd'hui l'un des modèles les plus recherchés pour une préparation de café racer.

LE PROPRIÉTAIRE

PHILIPPE, GENTLEMAN RIDER, AMOUREUX DES MÉCANIQUES VINTAGE SUR DEUX COMME QUATRE ROUES.

Me plongeant directement dans le vif du sujet, Jérémie me présente le premier projet que je vais suivre. Il s'agit d'une Honda CB 500 Four née de la rencontre avec Philippe Bettant, patron d'une chaîne de concept stores dédiés à l'univers des belles mécaniques vintage. Le budget pour cette moto est important et Philippe souhaite qu'elle représente l'univers et l'esprit de la marque, même si c'est avant tout un projet personnel ! Intrigué, je négocie rapidement avec l'homme une petite interview exclusive. Philippe me reçoit chaleureusement au siège de la marque, dans le 6e arrondissement de Lyon, dans un environnement classieux, voire luxueux.

J'aborde cet échange en lui demandant comment s'est effectuée la rencontre avec Jérémie. Il m'explique qu'à l'ouverture du magasin de Lyon en 2011, l'un des objectifs était d'organiser un rendez-vous de passionnés avec la mise en lumière de préparateurs tels que Bobber Fucker, Choppers Local Hervé, BAAK Motocyclettes. D'autres préparateurs se sont par la suite très vite présentés. Le choix de travailler avec Jérémie a surtout été basé sur un bon feeling et sur la connaissance de ses premiers travaux. Le style bas et trapu a aussi beaucoup joué en sa faveur.

« Bas et trapu », j'acquiesce et en profite pour engager la conversation sur le projet de Honda CB 500, une moto emblématique des années 1970. L'objectif est de comprendre qui a choisi le modèle et si Jérémie a eu carte blanche pour réaliser le projet. Philippe me répond que la 500 Four et son architecture moteur lui ont toujours énormément plu. C'est une moto ramassée et basse avec un moteur compact et rond très marqué seventies,

UN MOUVEMENT CULTUREL BASÉ SUR UN CONCEPT DE LIBERTÉ ABSOLUE

période qu'il affectionne. C'est Jérémie qui a déniché la moto et la lui a proposée. Philippe, qui avait découvert auparavant une Honda 750 Seven Fifty préparée en café racer par son père, a validé le choix avec comme objectif de garder l'esprit de cette moto, mais dans une couleur noire et dans un style plus ramassé, plus « Kikishop Customs ». Durant la réalisation, Philippe a apporté quelques éléments, dont un compteur Smith qu'il voulait absolument voir trôner sur la moto. Régulièrement, il lui a présenté quelques photos de prépas dont le style lui correspondait. Philippe précise que le travail d'un préparateur se rapproche de celui d'un architecte qui s'approprie les envies d'un client pour y apporter sa touche personnelle et son savoir-faire. Jérémie a de son côté apporté énormément d'idées pour la préparation, notamment avec le système de freinage Beringer, inconnu du public, qui donne à cette moto l'aspect spectaculaire et exceptionnel qu'on lui connaît. Le phare aussi a été proposé par Jérémie, qui apporte une touche de modernité à l'ensemble. Côté sellerie, un rappel esthétique des blousons Lewis Leathers a été ajouté, en reprenant le style des coutures des coudières. Ce travail, selon Philippe, marque la frontière entre un travail de restauration et celui d'une vraie préparation : c'est dire à quel point Jérémie est allé au-delà de ce qu'il imaginait.

J'interroge ensuite Philippe sur la définition qu'il pourrait me donner de la culture café racer. Il me répond qu'à 54 ans, il croit avoir toujours roulé en moto et n'a donc pas découvert les café racers avec le développement récent de ce phénomène culturel. La moto en général, mais le café racer surtout, reste avant tout un mouvement basé sur un concept de liberté absolue. Une liberté de déplacement, de partage et d'expression artistique. Il est intéressant de voir aujourd'hui d'autres mouvements – hipsters, skaters –, s'agglomérer avec cette tendance café racer.

Je conclus l'échange par une question, la plus importante peut-être : « Tes deux motos préférées ? » Norton Manx 500 évidemment, ainsi que l'Egli-Vincent par Godet. Philippe est un homme de goût, cela ne fait plus l'ombre d'un doute !

LA TÊTE DE FOURCHE

L'étape de préparation du carénage de la tête de fourche constitue un élément de style majeur dans la préparation de la CB 500 Four. Jérémie n'a rien dessiné ou planifié au préalable, mais il a une idée très précise de ce qu'il veut. Tout est réfléchi et inscrit dans son esprit.

La ligne stylistique choisie reste identique à sa vision du café racer : un style « bas et trapu », presque brutal. Pour l'heure, la moto ne dégage pas encore l'agressivité des coureuses de terrasses, et pourtant, lorsque le carénage et la bulle, encore bruts, sont prépositionnés sur la fourche, la moto prend déjà une toute autre allure. Mais le plus dur reste à faire et nécessite une sacrée dose de précision et de patience : découpe du carénage et ajustement des flancs, puis découpe de la bulle à la disqueuse avant le meulage de l'ensemble.

La recherche de la ligne pure n'est pas une parole en l'air pour Jérémie. Ultra-exigeant, il semble hésiter avant d'engager les travaux. Pour couronner le tout, Hervé, qui a la taquinerie facile, fait son apparition. L'occasion d'assister à un dialogue intergénérationnel entre préparateurs.

Jérémie n'est pas convaincu par le rendu de la bulle. Il ne retrouve pas l'aspect trapu qu'il aime donner à ses modèles et demande son avis à son père. Les deux hommes échangent pendant un moment sur les modifications à apporter.

Hervé a une vision assez juste de son travail. Pour lui, un préparateur n'est pas là pour appliquer un cahier des charges à la lettre. Si l'aspect artistique n'est pas présent, le préparateur n'est plus qu'un simple carrossier ou mécanicien. Cet échange anodin illustre à merveille le rôle des préparateurs de café racers : des artistes au service du style et de la mécanique d'exception !

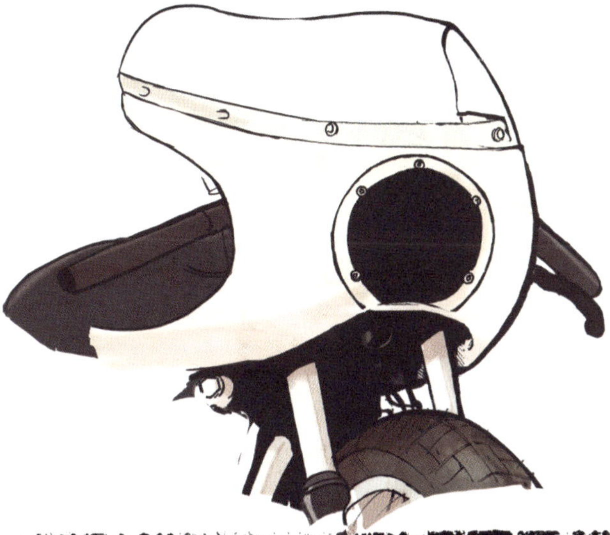

L'arrondi de la bulle sur lequel échangent Hervé et Jérémie sera retouché une bonne dizaine de fois avant que ce dernier ne soit satisfait du résultat !

LA LIGNE D'ÉCHAPPEMENT

Jérémie s'attaque ensuite à la réalisation de la ligne d'échappement. Il vient de recevoir les deux silencieux chromés et a pour objectif de fabriquer une ligne qui les mette pleinement en valeur. Toute la difficulté réside dans la soudure des emboîtements. Le type de soudure employé est une soudure au TIG, procédé proche de la soudure au chalumeau mais électrique et doté d'un tungstène pour créer l'arc électrique. L'art de la soudure réside dans l'apposition de points de soudure les plus fins possibles. Si Jérémie appuie trop fort, le tube se perce. S'il soude trop légèrement, le point de soudure colle et la soudure ne s'effectue pas. Il teste donc plusieurs torches afin de trouver la bonne. Premier essai au TG17, dont la buse est trop grosse, puis au TG9. Satisfait du résultat, Jérémie m'explique que cela fait un moment qu'il n'a pas soudé et que les gestes se perdent vite quand on ne pratique pas régulièrement. Son travail de préparateur l'amène à effectuer des tâches très différentes et c'est la régularité des préparations qui lui permet d'avoir un bon niveau de soudure.

1

LA LIGNE EST CONSTITUÉE DE TUBES D'INOX. ILS SONT DÉCOUPÉS PUIS CERTAINES SECTIONS SONT ÉLARGIES, COURBÉES ET MISES EN FORME.

2

CHAQUE EMBOÎTEMENT EST SOUDÉ. AUCUN COLLIER DE SERRAGE N'EST UTILISÉ AFIN D'ÉPURER LA LIGNE AU MAXIMUM.

3

UNE FOIS LA LIGNE TOTALEMENT SOUDÉE, ELLE EST PRÉPOSITIONNÉE AFIN DE REPÉRER D'ÉVENTUELLES ANOMALIES À CORRIGER ET D'IDENTIFIER LE FUTUR EMPLACEMENT DES PATTES DE FIXATION DE LA LIGNE AU CADRE.

4

LA BASE DU TUBE EST RACCORDÉE AU BLOC MOTEUR ET LA COLLERETTE D'ÉCHAPPEMENT EST VISSÉE AFIN DE LE MAINTENIR.

5

LE PRÉPOSITIONNEMENT DU SILENCIEUX PERMET À JÉRÉMIE DE DÉFINIR L'EMPLACEMENT DES FUTURES PATTES DE FIXATION LE RACCORDANT AUX PLATINES REPOSE-PIED.

LE BLOC DE FREINS

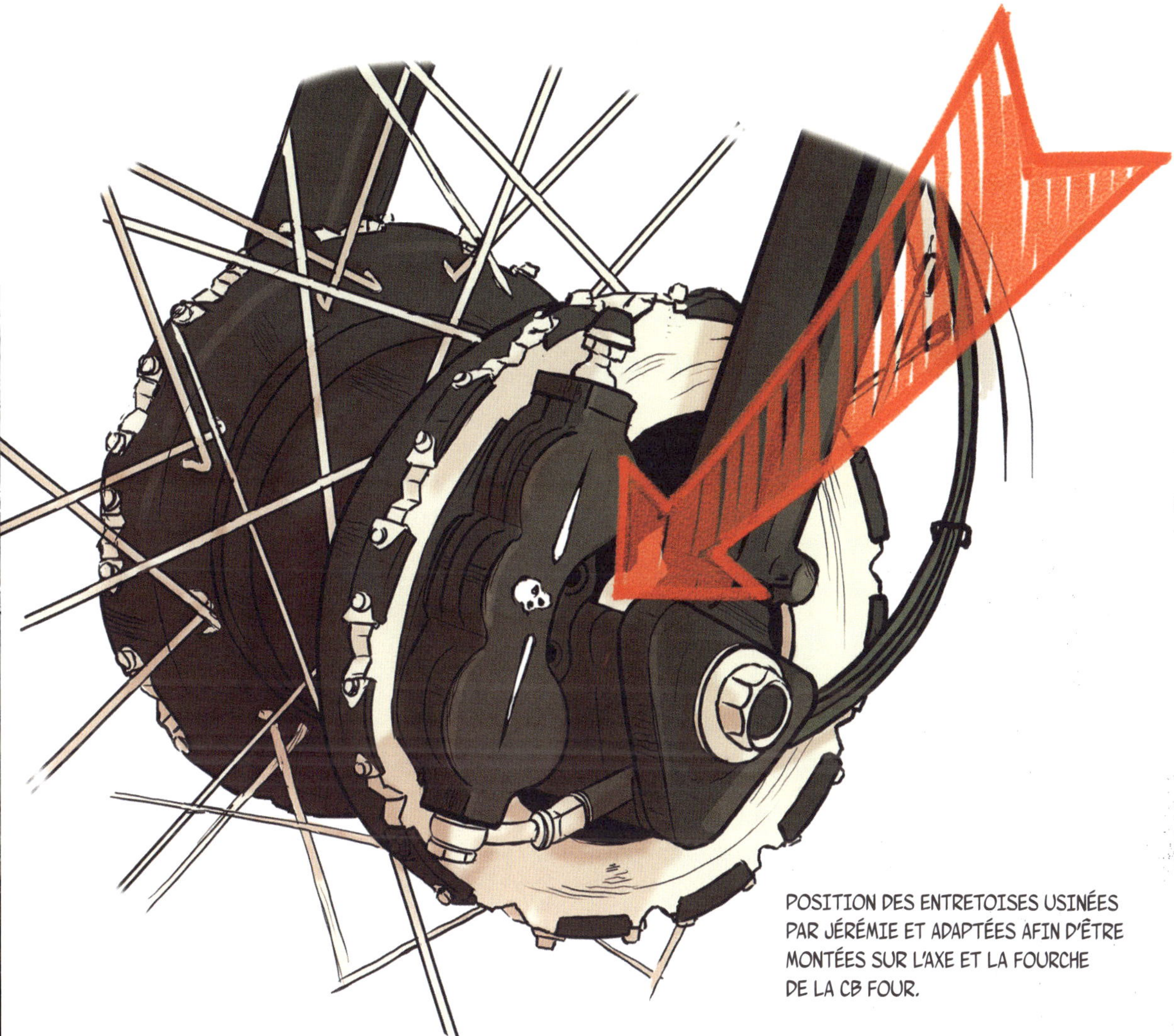

POSITION DES ENTRETOISES USINÉES PAR JÉRÉMIE ET ADAPTÉES AFIN D'ÊTRE MONTÉES SUR L'AXE ET LA FOURCHE DE LA CB FOUR.

Côté cycles, les jantes et les blocs de freins ont été fournis par un fabricant français issu du monde de l'aviation légère : Beringer. Ce système de freinage développé initialement pour les Harley a été mis au point en partenariat avec Fred « Krugger », champion du monde de customs. Le fabricant n'autorise qu'exceptionnellement l'emploi de ce système sur des préparations et uniquement avec des préparateurs dont il connaît le travail. C'est dire la confiance qu'il porte à Kikishop Customs !

Afin d'adapter ce système de freins à disques, Jérémie a dû refaire des entretoises et des axes aux côtes métriques (15 mm devant, 20 mm derrière) qui calent les étriers de freins et les roues bien au centre, et permettent la fixation des jantes sur la fourche et le bras oscillant. Toutes les entretoises ont été faites au tour dans des blocs d'aluminium. L'ensemble est épaulé à l'intérieur, pour faire passer l'axe originel de 1 pouce (25,4 mm).

LA CABINE DE PEINTURE

Les carénages ont été préalablement poncés avant d'être envoyés en cabine de peinture. Jérémie a choisi une teinte noir bleuté présente dans les reflets du vernis. Il s'équipe entièrement et me fait sortir de la cabine pour éviter tout dépôt de poussières lors de l'application. Deux pistolets sont utilisés pour la peinture, l'un pour les bases de couleur et l'autre pour l'application des vernis.
L'ensemble du cadre, du bras oscillant et des éléments associés partiront quant à eux à la peinture époxy dont l'application est sous-traitée par Jérémie. L'opération consiste à déposer une poudre sur des pièces métalliques, qui sont ensuite cuites au four à haute température, avant d'être recouvertes d'une poudre d'apprêt, puis d'une poudre noire et d'un vernis. C'est une peinture extrêmement épaisse et recouvrante qui efface les défauts et les soudures, et qui bénéficie d'une tenue longue durée.

L'INSTANT SHOOTING

Je suis convié à assister au shooting photo réalisé par l'un des magazines phares du monde du café racer, devant un lieu mythique connu de tous les Lyonnais : la « Sucrière », ancienne usine de sucre devenue lieu d'expositions et d'événements culturels.

J'arrive sur les lieux dans les premiers, rapidement suivi par le mannequin, dont la silhouette élancée dégage un charisme classieux et mutin. L'instant suivant, le bruit familier du pick-up annonce l'arrivée de la CB et de son créateur. Le bonhomme salue l'équipe, rasé de près, apprêté comme pour un show bike et impatient de livrer sa machine aux feux des projecteurs. La moto à peine descendue, Philippe, le propriétaire, arrive lui aussi.

Détail amusant, le patron des magasins à la gloire des mécaniques vintage arrive à bord d'une petite citadine biplace japonaise. À l'image de l'homme, humble et discret.

Le photographe fait positionner la moto, Jérémie s'affaire et Philippe, consciencieux et appliqué, balaie le sol avec soin pour offrir un socle digne de recevoir sa machine. Tout le monde y met du sien et la séance peut alors commencer. Les photos s'enchaînent au rythme des poses du modèle et des encouragements enthousiastes du photographe, pendant que le rédacteur en chef du magazine finalise l'interview de Jérémie.

Au pied des silos art déco de la Sucrière, les qualités esthétiques de la CB 500 Four sont mises en lumière pour la future couverture du magazine.

LA CB 500 FOUR

EN BREF

DÉLAI	ENVIRON DEUX MOIS ET DEMI
BUDGET	PLUSIEURS MILLIERS D'EUROS
CUSTOM	• JANTES SEURAT 3 • FREINS À DISQUES IN-BOARD BERINGER • SELLE TAILLÉE DANS LE RÉSERVOIR D'ORIGINE

LA SV 650

UN CAFÉ RACER NÉO-RÉTRO

La SV 650 est une moto moderne alimentée par un bicylindre en V à la sonorité envoûtante. Suzuki, en confiant la conception d'un prototype à Kikishop Customs, souhaite célébrer les 17 ans du modèle et sublimer les lignes de ce roadster efficace mais un poil discret.

UN DÉFI DE TAILLE

Transformer un roadster des années 2000 en café racer n'est pas chose aisée. Les machines modernes se prêtent peu au dépouillement, l'architecture des cadres et l'esthétique des carénages sont aux antipodes des machines originelles des années 1950. Et pourtant… L'un des constructeurs majeurs de motos japonaises, Suzuki, a contacté Jérémie afin de lui confier la création d'un prototype de café racer sur la base d'un nouveau modèle de roadster 650 bicylindre, dont la sortie était prévue trois mois plus tard. Il n'en fallait pas plus au préparateur pour relever le défi !

Les enjeux sont grands pour l'entreprise et l'artisan. C'est la seconde fois que la marque confie un de ses nouveaux modèles aux mains d'un préparateur et que le projet de transformation est aussi ambitieux. Elle attend du prototype qu'il respecte la ligne générale de la moto pour rester reconnaissable, tout en présentant les atouts sportifs de son bicylindre en proposant une interprétation néo-rétro des café racers. Quant à Jérémie, il doit réussir à démontrer sa créativité et son savoir-faire sans modifier sensiblement la partie cycle et le cadre. Le constructeur lui offre la moto en échange de la fabrication du prototype et de sa mise à disposition pour des événements promotionnels. La SV est donc au nom de Jérémie qui se chargera de la vendre dans un second temps. L'acheteur potentiel aura la possibilité de la remettre dans sa configuration d'origine. Les délais de la campagne et les échéances de présentation du prototype à différents rassemblements ne laisseront que peu de temps à Jérémie pour concevoir la machine. Il se rendra lui-même à Paris afin de récupérer la moto et ne disposera au final que de quinze jours pour effectuer la préparation. Un délai minimum, l'obligeant à des choix efficaces. Le projet initial prévoyait en effet le découpage du cadre à l'arrière avec la fabrication d'une coque qui ne sera pas réalisable. Jérémie optera pour la fabrication d'une coque amovible pour préserver la selle d'origine et un carénage de tête de fourche assez large, inspiré des carénages de motos GP. Le futur propriétaire pourra transformer facilement et à loisir le roadster en café racer monoplace exclusif.

Afin d'accompagner la promotion de cette machine, une campagne nationale participative est engagée sur les réseaux sociaux. Les fans de la marque peuvent voter pour la couleur qu'ils souhaitent voir sur le prototype. Trois options sont proposées aux internautes : la première reprend les couleurs historiques de la marque avec une déclinaison de bleus, du noir et du blanc, la seconde, plus audacieuse, propose un coloris jaune citron, et la dernière se distingue par sa sobriété en proposant un gris mat. Clairement inscrite dans le monde du custom, la campagne adoptera un slogan inspiré d'une célèbre émission américaine de custom car.

LE DÉFI S'ANNONCE DIFFICILE : RÉALISER EN TROIS SEMAINES UN CAFÉ RACER NÉO-RÉTRO SUR UNE BASE ULTRAMODERNE !

LE DOSSERET DE SELLE

1

JÉRÉMIE MESURE LA LONGUEUR NÉCESSAIRE POUR LES TROIS PATTES DE FIXATION ET DÉCOUPE LES ÉLÉMENTS.

2

IL MET ENSUITE EN FORME LES TIGES EN LES MARTELANT AVEC UN MAILLET EN BOIS SUR UN ÉTAU AFIN QU'ELLES ÉPOUSENT AU MILLIMÈTRE PRÈS LES LIGNES DU CARÉNAGE. APRÈS QUELQUES ALLERS-RETOURS SUR LA MOTO POUR VÉRIFIER ET AJUSTER LA FORME, LES TIGES SONT PRÊTES À ÊTRE FIXÉES.

3

LA FIXATION DES TIGES SE FAIT PAR SOUDURE DIRECTE SUR LES PATTES DE FIXATION DE LA SELLE, AVEC LA SELLE CLIPSÉE SUR LA MOTO.

4

JÉRÉMIE PASSE ENFIN À LA DÉCOUPE DES PLAQUES D'ACIER QUI SERONT SOUDÉES AUX TIGES PUIS MEULÉES POUR FORMER LE CAPOT DE SELLE FINAL.

LE CARÉNAGE AVANT

Un matin, mon téléphone s'agite alors que je m'apprête à rejoindre l'atelier. Jérémie m'annonce que nous partons rendre visite à l'un de ses fournisseurs. Il s'agit d'une entreprise bien connue de tous les motards de la région, dont la spécialité est la fabrication et la réparation des carénages de motos. Cette excursion est l'occasion de constater le foisonnement d'artisans et de petites entreprises qui permettent aux préparateurs d'exercer leur art et de perpétuer la légende des café racers.Arrivés sur les lieux, nous sommes reçus par le patron de l'entreprise, figure locale du monde de la moto. De prime abord, l'homme semble un peu renfrogné et bougon mais s'avèrera très vite prolixe sur son métier et me fera visiter l'ensemble de son atelier ! Ce qui frappe dès l'entrée, c'est l'impressionnante cathédrale de moules de carénages qui s'élève à plusieurs dizaines de mètres de hauteur. La quasi totalité des carénages de motos de série comme de compétition produites entre les années 1950 et aujourd'hui sont présentes sous mes yeux. Les moules servant à fabriquer les carénages en résine s'empilent sur de gigantesques étagères, dont les plus hautes ne sont accessibles que par un escalier de plusieurs mètres de haut, monté sur des roues. Jérémie décrit au boss son projet de prototype avant de se voir rapidement présenter trois modèles de carénages de tête de fourche. Très vite, l'un deux attire son attention. C'est un carénage maison assez large et destiné à accueillir une petite optique ronde. Jérémie pense qu'il conviendra parfaitement à la corpulence de la machine et le sélectionne sans trop hésiter.

La mise en place des guidons bracelets représente sans doute l'étape la plus emblématique de la réalisation d'un café racer. Ils sont LA signature de ce type de moto identifiable au premier coup d'œil ! Jérémie récupère les tiges de guidons du modèle standard ainsi que l'ensemble des commodos. Le tout est remonté sur des supports de guidons fixés directement sur les tubes de fourche, qui présentent l'avantage de pouvoir fixer les guidons à n'importe quelle hauteur selon le gabarit du pilote et la position plus ou moins racing qu'il souhaite adopter. Une fois les guidons positionnés, Jérémie s'attaque à la fabrication de l'araignée permettant la fixation du compteur d'origine de la moto : la moto recevant un carénage de tête de fourche, le compteur doit trouver sa place en son cœur afin de ne pas briser la ligne de l'ensemble. L'araignée est constituée d'un ensemble de cinq tiges d'acier offrant quatre supports de fixation du compteur. Elle est fixée et boulonnée au cadre puis peinte à l'époxy dans la même teinte. Afin de compléter la préparation du café racer, le constructeur a sélectionné pour Jérémie une série d'accessoires en aluminium fabriqués par une firme italienne. Il réceptionne, entre autres, les cale-pieds en aluminium teinté en noir brillant, les poignées de guidon, le bocal de frein, les commandes de freins, des clignotants réduits en aluminium eux aussi. À ces accessoires s'ajoute un silencieux Yoshimura au look racing épuré.

LA TOUCHE FINALE

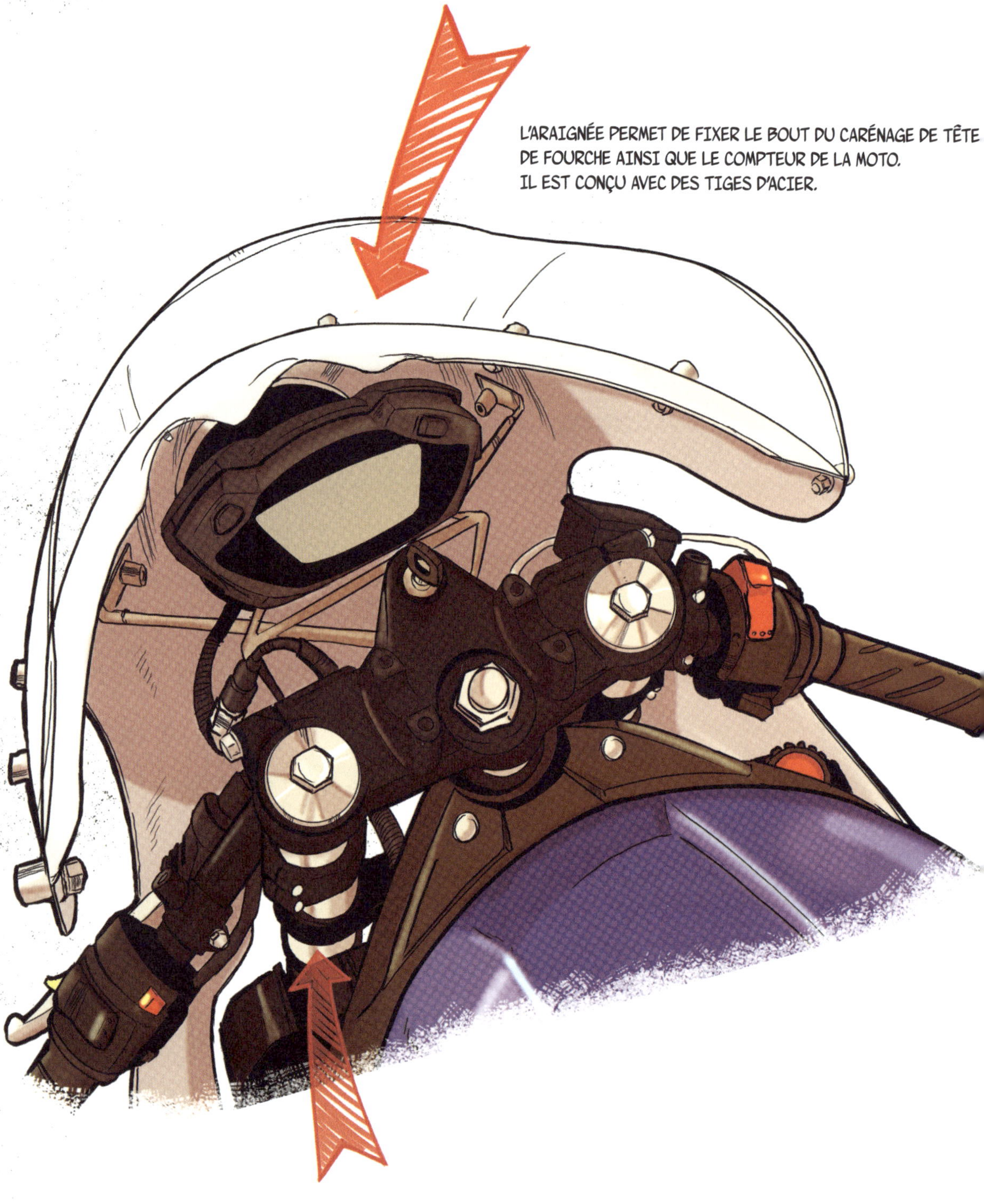

L'ARAIGNÉE PERMET DE FIXER LE BOUT DU CARÉNAGE DE TÊTE DE FOURCHE AINSI QUE LE COMPTEUR DE LA MOTO. IL EST CONÇU AVEC DES TIGES D'ACIER.

LES GUIDONS BRACELETS ACCUEILLENT LES COMMANDES D'ORIGINE DE LA MOTO.

LES CALE-PIEDS EN ALUMINIUM NOIR BRILLANT SONT FIXÉS SUR LES PLATINES D'ORIGINE.

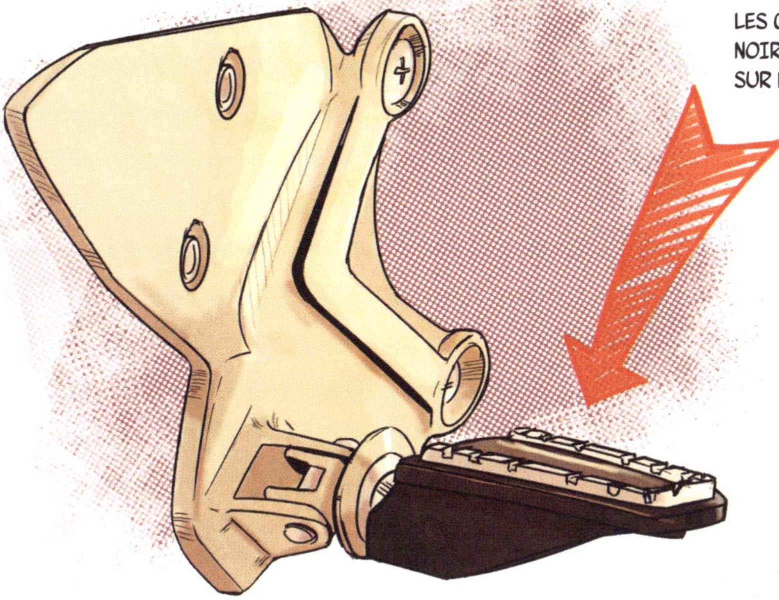

LE SILENCIEUX EN ALUMINIUM PRÉVU À L'ORIGINE POUR UN GSX-R 1100 EST ADAPTÉ ET FIXÉ SUR LA SV POUR FINALISER LE LOOK RACING DE L'ENSEMBLE.

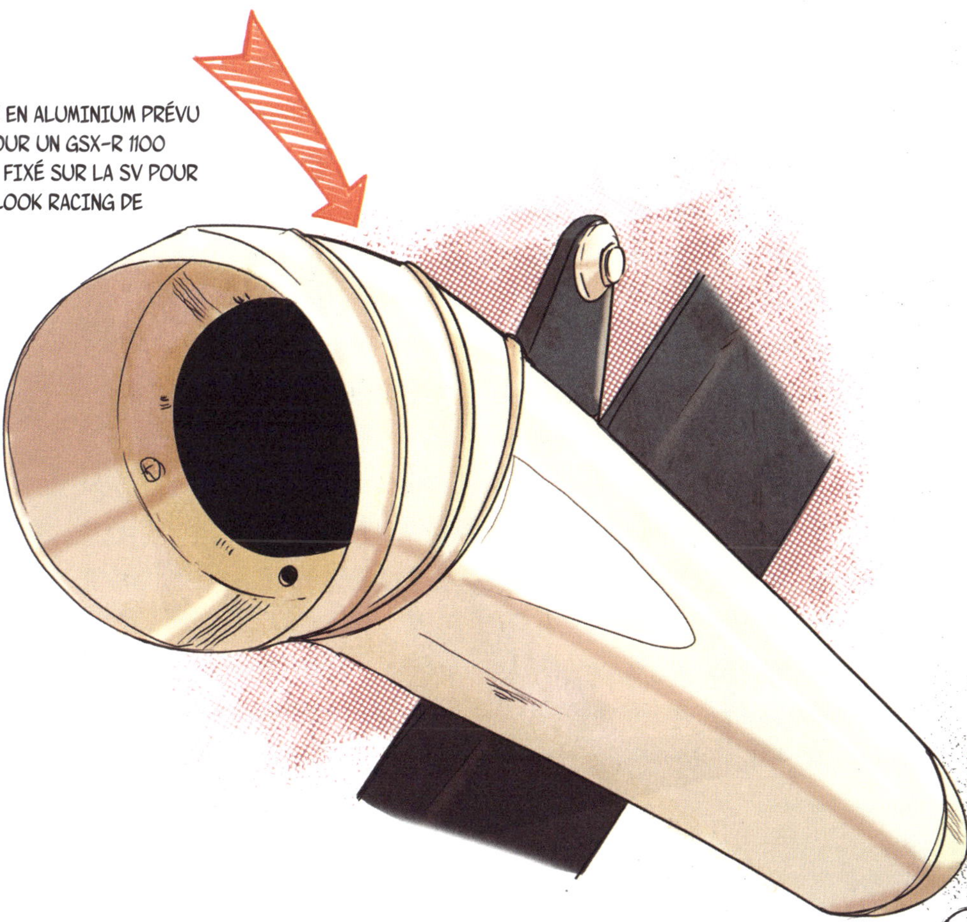

LA SV 650

EN BREF

DÉLAI	ENVIRON UN MOIS
BUDGET	ENVIRON 5 000 EUROS
CUSTOM	• COQUE DE SELLE AMOVIBLE EN ACIER • PEINTURE TROIS TONS AUX COULEURS DE LA MARQUE • CALE-PIEDS RIZOMA EN ALUMINIUM • LIGNE D'ÉCHAPPEMENT YOSHIMURA DE GSX-R 1100

WELCOME

LE FESTIVAL WHEELS & WAVES

UNE AFFAIRE DE STYLE

Le festival Wheels and Waves est l'un des plus gros rassemblements d'aficionados du custom deux-roues et de son style de vie. Ici, surf, musique et easy ride font bon ménage dans un bruit d'échappement permanent. J'arrive donc la tête pleine de rêve, attendant avec une impatience non dissimulée de découvrir des perles de café racers et de retrouver Jérémie.

Partout, les festivaliers et les exposants rivalisent d'idées pour affirmer leur style et leur originalité, aussi bien sur leur machine que sur eux-mêmes. Leur richesse vestimentaire coupe littéralement le spectateur du monde réel.Quelques squaws parées de coiffes de chef indien circulent sur les chemins pavés du site, réchauffant l'ambiance encore fraîche de ce début d'été. Les hommes ne sont pas en reste pour apporter leur touche personnelle quel que soit leur âge. Je croise notamment un homme à l'allure débonnaire équipé d'une combinaison beige, d'un casque en cuir et des lunettes d'un véritable aviateur de la Seconde Guerre mondiale. Dans ses pas, un de ses comparses arbore une combinaison militaire ornée de boutons dorés et de galons brodés rouges dans le plus pur style Premier Empire.

Zigzaguant entre revendeurs et machines, j'aperçois le GSX bleu électrique de Jérémie. À ma surprise, le stand n'est pas le sien mais celui d'un partenaire. Jérémie est là, assis confortablement au fond d'un canapé vintage, aux côtés d'une plantureuse créature : coiffe d'indien, robe au décolleté plongeant et tatouage jusqu'au bout des doigts, elle est la commerciale de la société. Kikishop Customs a beau être un label connu et reconnu dans le monde de la préparation de café racers, cela n'ouvre pas toute les portes et ne fait pas encore de Jérémie un homme riche ! Le prix des places à la Wheels and Waves privilégie le placement de grosses sociétés du secteur et pas celui d'artisans préparateurs dont le travail fait pourtant vivre le mythe.

Mais Jérémie est malin, a le goût de l'esclandre et les arguments pour faire rentrer ses motos ! Après une passe d'armes avec l'un des organisateurs à l'entrée, il a placé dans la minute trois de ses machines au cœur du village : la GSX, la CB 500 Four et la SV 650 préparée pour Suzuki Motos France.

LOOKS DÉBRIDÉS, PARFUMS D'ESSENCE ET D'EMBRUNS MARINS... AUCUN DOUTE, IL S'AGIT DE LA WHEELS & WAVES !

À l'intérieur du parc, situé à la Cité de l'Océan de Biarritz, l'ambiance militaire est au rendez-vous et la succession de tentes kaki renforce la sensation de poudrière qui se dégage du lieu. Au loin se dresse un énorme « school bus » aux couleurs du rassemblement.
Au milieu du campement, entouré de quelques machines dont une BMW R80 en mode hybridation, entre café racer et scrambler, j'ai l'impression de débarquer sur le plateau de cinéma d'un film catastrophe, en pleine scène d'évacuation militaire de la population. Près du bus, trois quinquas hipsters débattent du style de leur machine autour d'une bière, chacun tentant de convaincre l'autre que ses options esthétiques sont les meilleures.

FURTHER
W&W

LES FANS

TROIS JEUNES MOTARDS ÉTRANGERS SE MASSENT DEVANT LA HONDA CB ET LA SUZUKI GSX. LES YEUX BRILLANTS ET REMPLIS D'ÉMOTION, ILS RESSEMBLENT À DES ENFANTS DEVANT LA VITRINE D'UN PÂTISSIER...

Jérémie les rejoint et engage la conversation dans un anglais parfait teinté de French accent. Les trois motards ont découvert comme beaucoup la CB et la GSX dans la presse spécialisée. Ils exultent en découvrant enfin la moto physiquement et manifestent à Jérémie des signes de gratitude énergiques ! C'est l'occasion rêvée de poser la fameuse question : c'est quoi, la culture café racer ?

J'interroge le plus enthousiaste sur ce qui lui plaît tant dans ces préparations : à ses yeux, le modèle de base sur lequel a été effectuée la préparation semble s'être effacé au profit d'une nouvelle machine. Son camarade ajoute qu'à ce niveau de finition on ne distingue même plus le travail de l'artisan, qu'il pourrait tout à fait s'agir de motos de série. Ces motos mixent les qualités esthétiques et mécaniques de machines vintage avec leurs homologues modernes. Elles sont totalement hors du temps : « TIMELESS ».

C'EST COMME SI CES MOTOS AVAIENT ÉTÉ PENSÉES ET DESSINÉES DEPUIS UNE PAGE BLANCHE

C'est en croisant un quatrième admirateur du travail de Jérémie, prénommé Guillaume, que la définition de la culture café racer se fera plus précise. Le café raceriste possède en général une moto classique qu'il transforme « à la roots », c'est-à-dire dans son garage, voire sur un trottoir, comme le faisaient les premiers motards. À son rythme, il fait évoluer la mécanique et l'esthétique de sa machine afin qu'elle lui ressemble. Il doit être en mesure au final de démonter sa moto au bord de la route et de la réparer en cas de panne.

Il précise qu'un café racer peut se préparer avec n'importe quelle base. Le plus souvent, le motard libère l'admission, libère l'échappement, met des commandes reculées et les indispensables guidons bracelets et le phare rond. J'essaie d'en savoir plus et lui demande si ce café raceriste fabrique lui-même ses pièces. Il me répond que la fabrication reste compliquée pour un non-professionnel. Il faut en effet certaines compétences hors de portée pour un amateur, et du matériel souvent onéreux.

LE CAFÉ RACER DOIT ALLER ASSEZ VITE POUR METTRE UNE PIÈCE DANS LE JUKEBOX ET REVENIR VIVANT AU BAR AVANT LA FIN DE LA CHANSON !

Pour Guillaume, les professionnels représentent les porte-drapeaux du mouvement. Ce sont des gens capables de monter des machines quel que soit le budget et avec un réel savoir-faire. Ayant pour la plupart commencé à quinze ans, ils ont une expertise exceptionnelle et travaillent sur la réalisation d'un élément sans compter leur temps avec un objectif constant de perfection absolue. Les vrais préparateurs, ajoute-t-il, sont ceux qui font des motos faites pour rouler. Beaucoup fabriquent des œuvres d'art non roulantes, mais cette approche dénature complètement, à ses yeux, l'esprit du café racer d'origine.

LA GSX-E 1100 KSC

LE FESTIVAL EST PROPICE AUX RENCONTRES ET AU DÉVELOPPEMENT COMMERCIAL DE LA MARQUE DE JÉRÉMIE ET DE SA RENOMMÉE : C'EST LA RAISON POUR LAQUELLE IL TIENT ABSOLUMENT À MONTRER SES CRÉATIONS, ET NOTAMMENT SA GSX-E.

Jérémie multiplie les contacts avec des clients potentiels. Si la majorité aiment échanger avec les préparateurs, ils préfèrent néanmoins souvent s'adresser directement aux fabricants de motos. Cependant, certains patrons d'entreprises en lien avec le secteur moto peuvent être enclins à commander une préparation. Et surtout il y a les particuliers, les passionnés.

Cette présentation est l'occasion de concrétiser quelques rencontres, dont celle avec 2Saints, joaillier de luxe spécialiste du monde de la mécanique, qui a convié Jérémie sur son stand. Sur place, le confort est au rendez-vous : tireuse à bière, rhum, cigares cubains et canapé moelleux invitent à la discussion et à la recherche de partenariats constructifs. Très vite, les idées fusent. Fred, le patron de 2Saints, expose son projet de moto idéale : une préparation à mi-chemin entre le café racer et le bobber, dotée d'un moteur Twin et d'un pneu arrière extra large issu de la mode des Harley des années 2000. L'échange de contact se fait rapidement entre les deux hommes. Nul doute qu'un projet commun naîtra pour mettre en lumière le savoir-faire unique de la société et de l'artisan. En attendant, les cigares et le bon rhum s'enchaînent dans un stand plein à craquer, où l'artisan joaillier, futur candidat au concours du meilleur ouvrier de France, fait la démonstration de son savoir-faire en direct devant les yeux ébahis des festivaliers.

L'HEURE DU SHOW

À l'occasion du festival, la SV 650 finalisée se dévoile enfin à moi. La peinture a été faite en trois jours une fois les résultats annoncés. C'est le coloris bleu qui a remporté les suffrages des internautes : l'ensemble des teintes bleues a été traité en mat, avec un ajout de paillettes bleues et violettes. La présentation au Wheels and Waves ne pouvait pas se manquer... De nuit et en mouvement, le résultat est encore plus saisissant !

Le temps d'une dernière balade et le festival se termine sur un repas au restaurant avec Jérémie et Yann, son ami préparateur de Psyko Kustom. C'est aussi l'occasion pour eux d'exposer leur machine à la vue de tous. Jérémie sa GSX, Yann son trail, un Honda 650 de son cru. Les deux hommes se connaissent bien depuis leur rencontre au Salon du 2 Roues de Lyon.

La machine de Yann a été développée sur une base de Honda NX 650 Dominator de 1992, sur laquelle ont été greffés une ligne d'échappement inox sur mesure ainsi qu'un réservoir de XT 500, avec un bouchon taillé dans la masse. La peinture rouge candy avec effet aluminium brossé et le petit compteur Daytona Velona donnent à l'ensemble un air de baril de poudre prêt à exploser !

LA GPZ 750 R

LES ANNÉES 1980 REVISITÉES

Avec sa grande sœur, la 900, la GPZ 750 R, sortie en 1983, marque Kawasaki du sceau de la sportivité. Son moteur exclusif et pointu connut même quelques années plus tard une greffe d'un turbo très à la mode à l'époque !

UN PROJET ATYPIQUE

En pleins préparatifs pour le Café Racer Festival de Montlhéry, Jérémie est contacté par une de ses connaissances du mileu du custom, spécialisée dans la fabrication de choppers. L'un de ses clients, amateur de gros bicylindres américains, lui a fait part de son projet d'acquérir un « quatre pattes » japonais pour le transformer en café racer. Ce type de préparation n'étant pas sa cible, il lui a suggéré de se rapprocher de Jérémie. Le contact est pris rapidement et l'homme, quinquagénaire et originaire de Savoie, est invité par Jérémie à passer à l'atelier pour échanger sur ses attentes. Amateur depuis sa jeunesse des vielles Kawasaki série Z des années 1970, le client aimerait réaliser un café racer sur la base de ce type de motos. Il a d'ailleurs déjà trouvé une machine dont la préparation a été amorcée et souhaiterait achever la transformation selon ses envies : une peinture noire et orange, un phare rond et bas, une ligne d'échappement 4 en 2 et les traditionnels guidons bracelets. Le coût d'achat de cette machine ne semble pas intéressant à Jérémie, qui lui propose de placer son budget dans la préparation d'une machine d'origine, à un coût plus modeste. En procédant de cette manière, il pourra investir davantage dans la préparation elle-même. Avec son accord, Jérémie se chargera de lui trouver une machine. Le client, conquis, accepte le deal et la commande est passée rapidement.

Quelques semaines plus tard, Jérémie porte son choix sur une Kawasaki GPZ 750 ZX de 1983 affichant 15 000 km, vendue 500 euros. Le choix n'est pas évident de prime abord : le modèle est sorti après les premières Z750 et pourrait ne pas convenir au client. Si la base moteur est similaire à la Z, le design de la moto est quant à lui marqué par les années 1980, avec des lignes anguleuses et tendues. De plus, la suspension arrière est assurée par un gros mono-amortisseur positionné au centre du bras oscillant qui tranche avec les traditionnels doubles amortisseurs sur les côtés des motos plus anciennes. Malgré ces inconvénients, le client valide le choix, confiant en la capacité de Jérémie de transformer ces petits défauts en atouts !

FABRIQUER UN CAFÉ RACER À PARTIR D'UNE MOTO DES ANNÉES 1980 POURRAIT PASSER POUR UNE HÉRÉSIE. MAIS AVEC BEAUCOUP DE TALENT, TOUT EST POSSIBLE !

LE RÉSERVOIR

Jérémie doit choisir un réservoir à monter sur la GPZ. La forme trop anguleuse de celui d'origine et les différents témoins lumineux déportés près du bouchon ne conviennent pas à la réalisation du café racer. Il aimerait pourtant s'éviter la fabrication complète d'un réservoir et surtout du tunnel, partie du réservoir passant autour du tube central du cadre. Des morceaux de réservoir s'étalent dans tout l'atelier mais, pour l'heure, aucun ne semble trouver grâce à ses yeux !

Jérémie imagine en réalité doter la préparation d'un réservoir dans l'esprit des Kawasaki Z750 du milieu des années 1970 avec un look plus racing. Il fait donc le tour de son stock afin de choisir celui qui conviendra le mieux à la ligne de la moto d'origine mais aussi au design qu'il souhaite donner à sa future préparation. C'est le début d'un long, très long moment de réflexion qui conduit Jérémie à des choix qu'il n'avait pas envisagés auparavant...

LES ESSAIS DÉBUTENT PAR UN RÉSERVOIR DE HONDA 400 CBN BLEU, TROP PETIT PAR RAPPORT AU BLOC MOTEUR.

ILS SE POURSUIVENT PAR CELUI D'UN GSX 750, QUE JÉRÉMIE NE VEUT PAS UTILISER CAR IL EST IDENTIQUE À CELUI DE SA PROPRE MACHINE ET SERA PRÉSENT SUR UN PROJET EN COURS DE FABRICATION.

DÉSESPÉRÉ, IL ENVISAGE AUSSI L'ADAPTATION D'UN RÉSERVOIR DE 125 RDX YAMAHA...

1

LA FABRICATION SE POURSUIT PAR LE DÉCOUPAGE DU RÉSERVOIR HARLEY LE LONG DE LA COURBURE DU RÉSERVOIR, LA PARTIE INFÉRIEURE EST RETIRÉE À LA DISQUEUSE.

2

JÉRÉMIE RETIRE 2 CM À L'AVANT ET À L'ARRIÈRE DE LA COURBE DU TUNNEL AFIN DE RAPPROCHER LE RÉSERVOIR DU BLOC MOTEUR ET OBTENIR UN ASPECT PLUS RACING.

Jérémie finit par contacter plusieurs casses motos, et regarder sur les sites d'annonces à la recherche d'un authentique réservoir de Z 750… Sans succès. Ce type de réservoir est devenu très recherché et en trouver un dans un état correct à un prix raisonnable relève du miracle. Il jette finalement son dévolu sans conviction sur un réservoir de Harley-Davidson. Hervé en profite pour passer une tête dans l'atelier et scrute immédiatement la GPZ coiffé du réservoir Harley. L'option lui semble vraiment judicieuse mais son fils ne semble pas satisfait de son choix et réfléchit aux améliorations qu'il pourrait apporter, afin de coller à l'esprit d'un café racer, tout en respectant l'image des Kawasaki série Z des années 1970-1980. Il recontacte à tout hasard quelques connaissances dans l'espoir de dénicher un réservoir de Honda 750 CBK à adapter au GPZ et, dans le cas où il serait dégradé, de récupérer le tunnel. L'un des interlocuteurs lui propose notamment un réservoir de Yamaha 350 RDX. Jérémie sait bien que les tôles de ce modèle datant des années 1970, extrêmement fines, sont délicates à souder. Il se résoud donc à garder son premier choix.

Jérémie récupère également les trois pattes de fixation sur le réservoir d'origine ainsi que le robinet d'essence situé sur la partie gauche du réservoir. Ces éléments seront ressoudés sur le nouveau réservoir et les pattes s'ajusteront sur les silent blocs. Il récupère ensuite des parties sur d'autres réservoirs et se voit contraint de refabriquer un tunnel. Celui d'origine a été découpé proprement mais il n'est pas persuadé de pouvoir le souder sur la coque de réservoir de la Harley en raison de son état et il s'inquiète de ne pas parvenir à adapter les fixations sur le cadre.

3

IL SÉLECTIONNE ENSUITE UNE PLAQUE D'ACIER DE 1 MM QU'IL COMMENCE PAR DÉCOUPER SOMMAIREMENT EN FORME DE LOSANGE POUR FACILITER LE PLIAGE COMPLET DE LA PLAQUE.

L'ADAPTATION DU TUNNEL

1

LORS DU PLIAGE DE LA PLAQUE D'ACIER AUTOUR DE LA POUTRE CENTRALE, LA PLAQUE S'AVÈRE PLUS RÉCALCITRANTE QUE PRÉVU. IL FAUDRA PLUS D'UNE HEURE TRENTE AVANT D'OBTENIR LA FORME DÉFINITIVE. LE TUNNEL ET LES PLAQUES SUPPLÉMENTAIRES SONT ENSUITE SOUDÉS AU TIG LA COQUE DU RÉSERVOIR HARLEY.

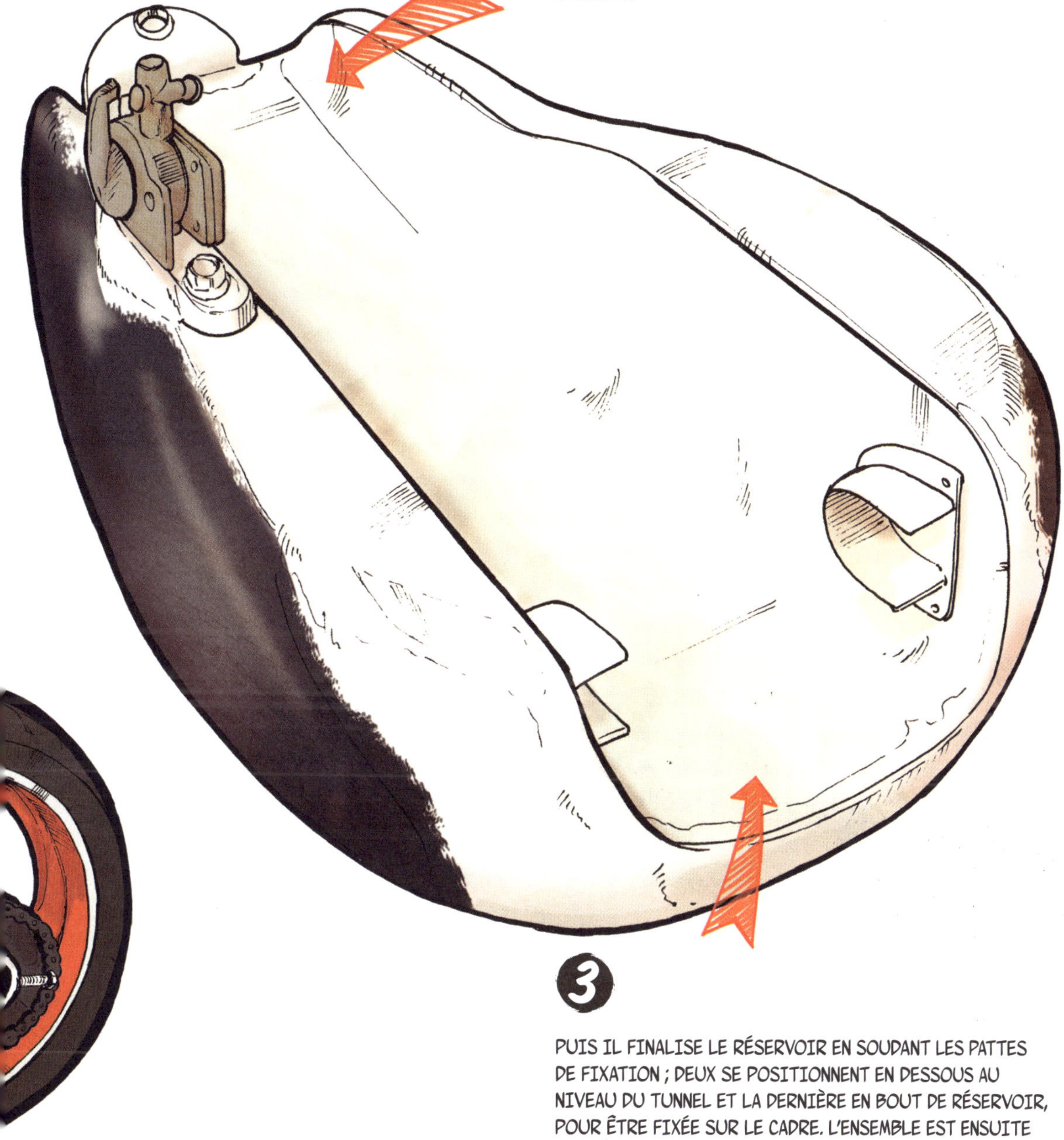

2

JÉRÉMIE FAÇONNE UN LÉGER DÉCROCHÉ EN TÔLE DESTINÉ À RECEVOIR LE ROBINET D'ESSENCE RÉCUPÉRÉ, QU'IL SOUDE ENSUITE.

3

PUIS IL FINALISE LE RÉSERVOIR EN SOUDANT LES PATTES DE FIXATION ; DEUX SE POSITIONNENT EN DESSOUS AU NIVEAU DU TUNNEL ET LA DERNIÈRE EN BOUT DE RÉSERVOIR, POUR ÊTRE FIXÉE SUR LE CADRE. L'ENSEMBLE EST ENSUITE MEULÉ AFIN D'OBTENIR UN RÉSERVOIR LISSE ET SANS DÉFAUT.

4

UNE RÉSINE EST PASSÉE À L'INTÉRIEUR DU RÉSERVOIR AFIN D'ÉTANCHÉIFIER COMPLÈTEMENT LA CUVE ET ÉVITER LES FUITES. ON L'APPLIQUE EN LA FAISANT COULER ET EN FAISANT TOURNER LE RÉSERVOIR À LA MAIN POUR QU'ELLE SE RÉPARTISSE BIEN PARTOUT.

LA COQUE ARRIÈRE

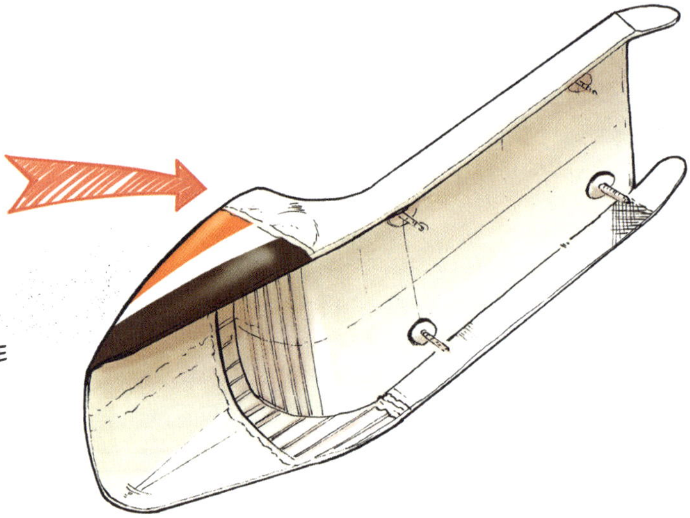

POUR LE CARÉNAGE ARRIÈRE, JÉRÉMIE EMPLOIE UNE TÔLE TRÈS ÉPAISSE DE 3 MM AU NIVEAU DE L'ASSISE AFIN D'ASSURER UNE RÉSISTANCE MAXIMUM. CETTE TÔLE EST ENSUITE STRIÉE TOUS LES 1 CM AFIN DE POUVOIR TORDRE LA TÔLE ET LA METTRE EN FORME. UNE FOIS LA COQUE MISE EN FORME, ELLE EST MEULÉE ET PONCÉE.

UNE FOIS LE RÉSERVOIR ET LA COQUE ARRIÈRE PLACÉS SUR LE CADRE, LA GPZ COMMENCE À PRENDRE UN VRAI LOOK DE CAFÉ RACER

Hervé, présent lors des premiers essais, regarde la coque arrière enfin posée. Il propose à Jérémie d'ouvrir légèrement l'arrière de la coque afin de mieux laisser apparaître le feu.

LES ACCESSOIRES

SUR LE CÔTÉ DROIT PRÈS DE LA SELLE, JÉRÉMIE FABRIQUE À PARTIR D'UNE TÔLE D'ACIER UNE PLATINE QUI ACCUEILLE LA CLÉ, LE CONTACTEUR D'ALLUMAGE ET LE DÉMARREUR. LA TÔLE A ENSUITE ÉTÉ PERCÉE À DES DIAMÈTRES DIFFÉRENTS AFIN D'AÉRER LE VISUEL DE L'OBJET ET DE LUI DONNER, À LUI AUSSI, UN ASPECT SPORTIF.

SOUS LA COQUE ARRIÈRE, IL CRÉE UN SOCLE EN ACIER DESTINÉ À RECEVOIR LE SOLÉNOÏDE DE DÉMARREUR, LE BOÎTIER ÉLECTRONIQUE ET LA BATTERIE. L'ENSEMBLE DES FIXATIONS EST EN ACIER.

LE BOCAL DE FREIN EST RESSOUDÉ SUR LE CADRE AVEC UNE PATTE DE FIXATION FABRIQUÉE ET SOUDÉE AU TIG.

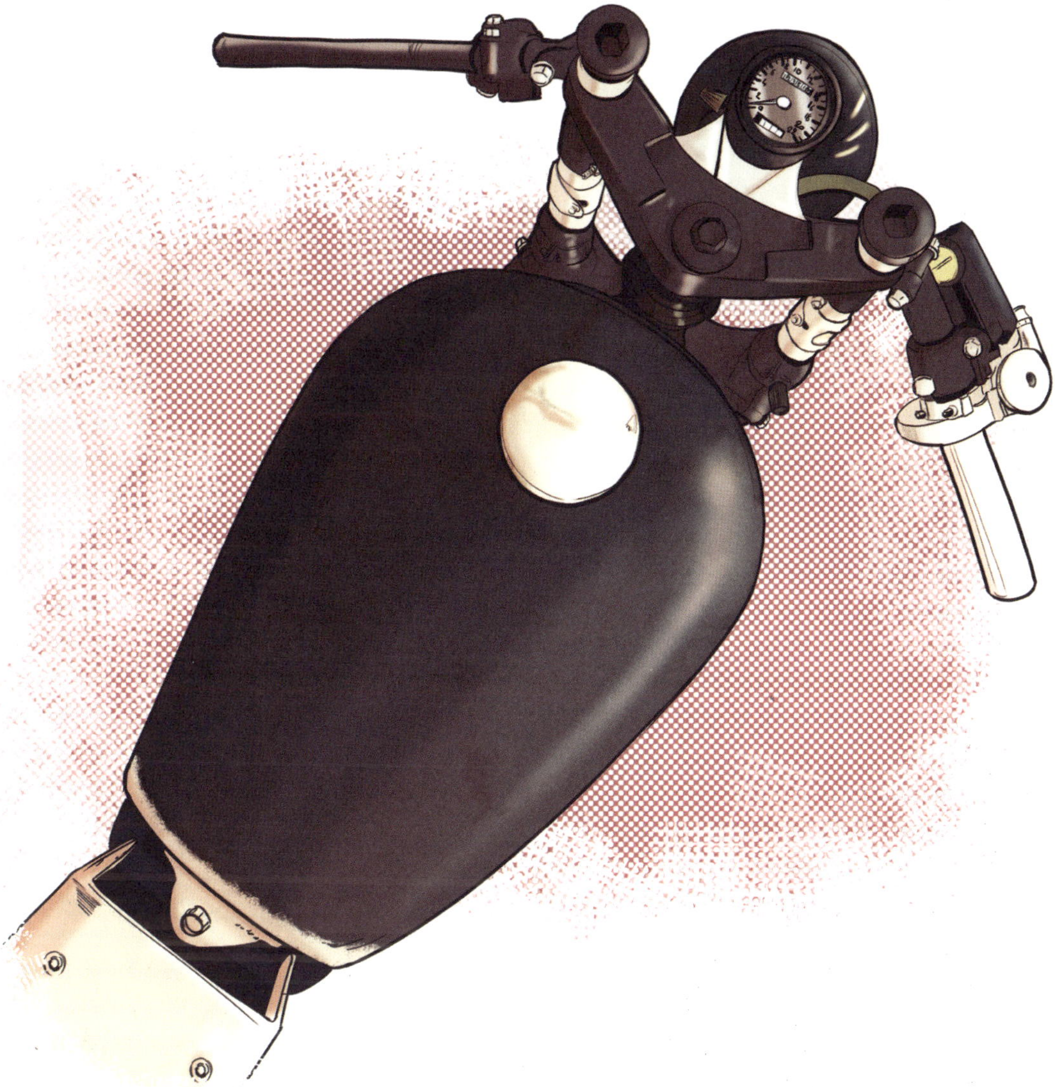

Pour la quasi-totalité des pièces, Jérémie se fournit auprès d'un garage situé non loin de Biarritz. Pour l'accessoirisation de la GPZ, deux pneus racing ont été montés sur les jantes repeintes. Un petit feu arrière à LED a été ajouté sous la coque. Deux silencieux courts des années 1980 type megaton noir viendront finaliser la ligne d'échappement. Devant, le phare rond est positionné au niveau du réservoir en fonction de l'emplacement des guidons bracelets noir mat, et un compteur mécanique noir mat a été fixé sur une platine en acier faite maison. Là encore, la recherche du style racing dirige l'ensemble : Jérémie apporte une attention particulière à l'alignement du haut du phare, du haut du réservoir et des guidons. Il a également adapté une poignée de vitesse à tirage rapide : à l'image des machines de course, elle offre une meilleure démultiplication et une ouverture des boisseaux plus rapide lorsque l'on tourne la poignée de gaz. Enfin, des poignées Biltwell noires assorties à la selle seront ajoutées, ainsi que quatre filtres à air coniques en 55 mm et une mini batterie 12 V lithium logée sous la selle. L'ensemble sera achevé par une peinture marron avec des liserés orange en hommage aux couleurs officielles de la série des Z de la marque dans les années 1970.

LA SELLE

La selle est fabriquée par Guy, le sellier de Kikishop Customs. De son côté, Jérémie prépare un socle en polyesther qui recevra le rembourrage et le cuir de finition. Le réservoir et le carénage de selle de la moto sont totalement recouverts de scotch de chantier. Cela permet de protéger les éléments, d'éviter que la résine coule et que les fibres et la résine adhèrent au carénage.

Dans un second temps, il scotche de grandes feuilles de journal jusqu'à recouvrir totalement la moto afin d'éviter toute projection, notamment sur les durites qui pourraient être endommagées par la résine. Il trace ensuite le contour du carénage de selle avec un gros marqueur directement sur le scotch. Le marquage se décalquera ensuite sur la fibre et la résine coulée et donnera la forme finale du socle que Jérémie pourra découper.

La résine ne s'applique pas au soleil, mais à l'abri dans l'atelier, car elle sèche trop vite. Jérémie prépare son matériel en déchirant plusieurs plaques de fibres en petits morceaux d'une vingtaine de centimètres. La résine et le durcisseur sont ensuite mélangés dans un pot. Il faut compter trois bouchons de durcisseur pour 500 ml de résine. Jérémie superpose entre trois et cinq couches de fibres. La première couche en utilisant les plus petits morceaux de fibres appliqués sur la surface la plus large possible. Après chaque couche, la résine est appliquée avec un pinceau. Les couches suivantes sont constituées de morceaux de fibres plus larges, pour rigidifier le socle.

LE MOTEUR

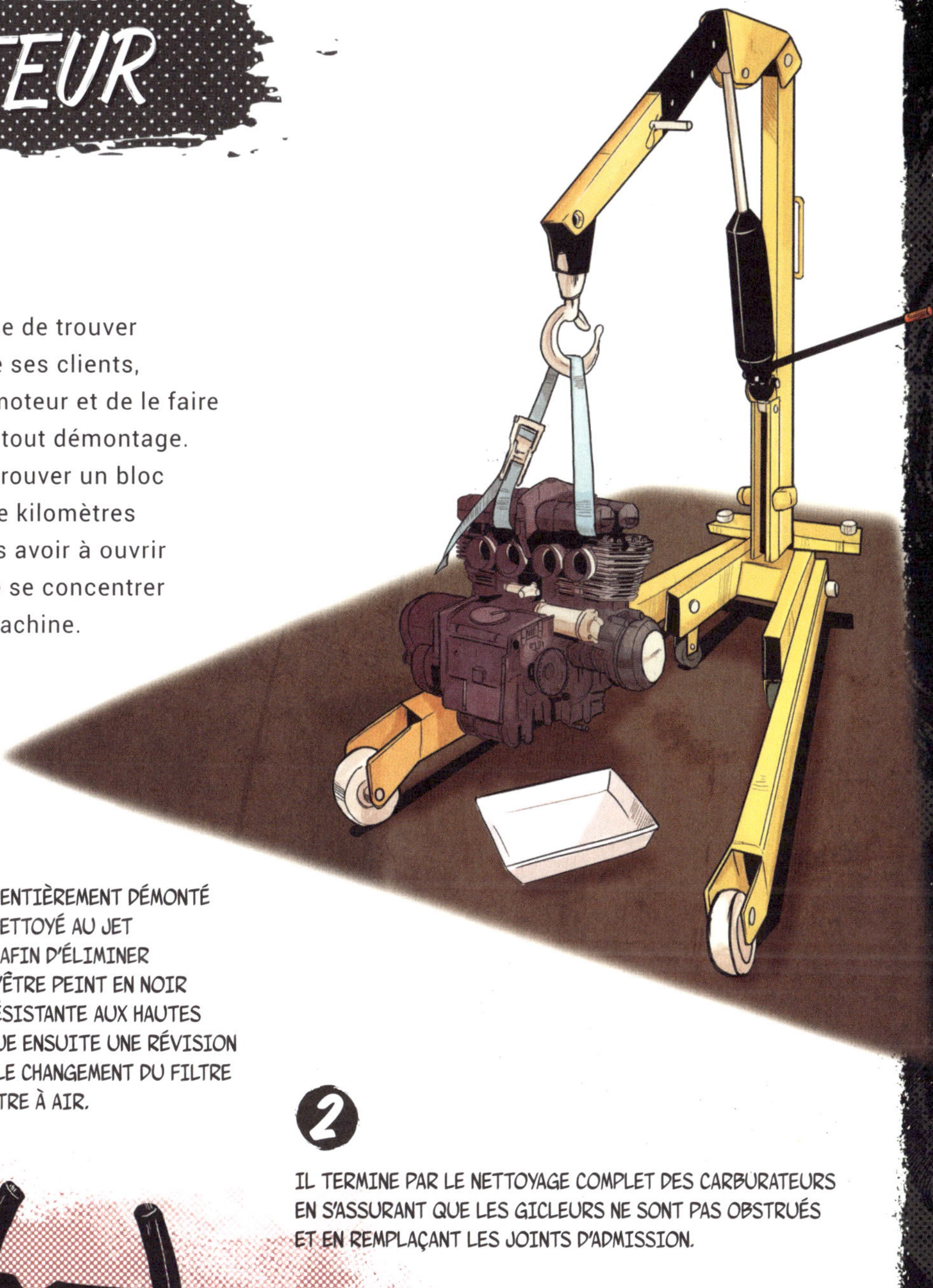

Lorsque Jérémie se charge de trouver une base moto pour un de ses clients, il prend soin de tester le moteur et de le faire tourner un moment avant tout démontage. Il s'assure en général de trouver un bloc moteur avec un nombre de kilomètres réduit et surtout de ne pas avoir à ouvrir le bloc. Cela lui permet de se concentrer sur la préparation de la machine.

1

LE BLOC MOTEUR DE LA GPZ EST ENTIÈREMENT DÉMONTÉ ET LEVÉ SUR LA CHÈVRE. IL EST NETTOYÉ AU JET HAUTE PRESSION ET À L'ESSENCE AFIN D'ÉLIMINER TOUTES LES IMPURETÉS, AVANT D'ÊTRE PEINT EN NOIR BRILLANT AVEC UNE PEINTURE RÉSISTANTE AUX HAUTES TEMPÉRATURES. JÉRÉMIE EFFECTUE ENSUITE UNE RÉVISION CLASSIQUE AVEC LA VIDANGE ET LE CHANGEMENT DU FILTRE À HUILE, DES BOUGIES ET DU FILTRE À AIR.

2

IL TERMINE PAR LE NETTOYAGE COMPLET DES CARBURATEURS EN S'ASSURANT QUE LES GICLEURS NE SONT PAS OBSTRUÉS ET EN REMPLAÇANT LES JOINTS D'ADMISSION.

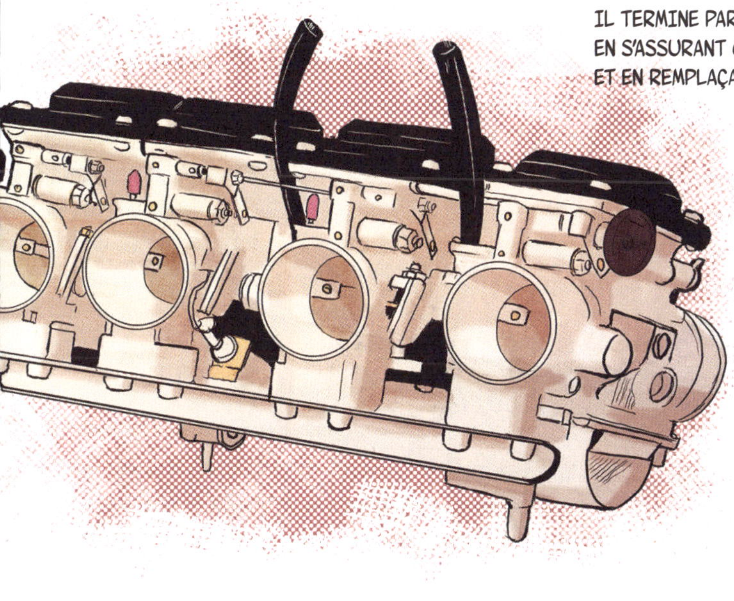

LA PARTIE CYCLE

Sur la partie cycle, tout est démonté pièce par pièce afin d'être nettoyé avant envoi en peinture à l'époxy. Sur le cadre, toutes les pattes de fixation devenues inutiles sont meulées. Les disques sont poncés et peints afin de s'accorder avec le bloc moteur. Les platines de cale-pieds sont taillées dans la masse pour leur donner une ligne plus épurée. Sur la fourche, les butées de fourches maison en acier sont soudées. Jérémie retire les cages à aiguilles logées au cœur du bras oscillant. Ces éléments agissent comme des roulements à bille et permettent au bras de bouger librement. Ils sont retirés avant envoi du bras en peinture puis sont remplacés par des neufs.

POUR SORTIR LES CAGES À AIGUILLES DU BRAS OSCILLANT, IL UTILISE UNE ARRACHE À INERTIE. CET OUTIL, DOTÉ D'UN POIDS, PERMET DE RETIRER DES ÉLÉMENTS MÉTALLIQUES COINCÉS EN UTILISANT LA FORCE D'INERTIE DU POIDS ET LE CHOC PRODUIT POUR FORCER LEUR RETRAIT. POUR ASSURER LE CONTACT AVEC LES ÉLÉMENTS À RETIRER, CEUX-CI SONT SOUDÉS AU BRAS. APRÈS DE LONGUES HEURES DE LUTTE, JÉRÉMIE PARVIENT FINALEMENT À EXTRAIRE LES DEUX CAGES À AIGUILLES DU BRAS OSCILLANT.

L'AXE DE ROUE AVANT, MAIS ÉGALEMENT CELUI DE L'ARRIÈRE ET L'AXE DE BRAS OSCILLANT SONT ENTIÈREMENT NETTOYÉS ET LES ROULEMENTS À BILLE D'ORIGINE SONT REMPLACÉS PAR DES NEUFS.

U RETOUR DES PIÈCES DE L'ÉPOXY, LE CADRE ST PRÉPARÉ ET JÉRÉMIE DOIT EFFECTUER E PONÇAGE DE TOUTES LES PIÈCES QUI SONT N CONTACT AVEC DES PIÈCES EN ROULEMENT U EN ROTATION.

DANS LA JANTE ARRIÈRE, L'AMORTISSEUR DE COUPLE EST NETTOYÉ ET TESTÉ AVANT REMONTAGE DE LA MOTO. IL PERMET D'ABSORBER LES CHOCS DE LA CHAÎNE DE TRANSMISSION AU MOMENT DE L'ACCÉLÉRATION.

LA GPZ 750 R

EN BREF

DÉLAI	ENVIRON UN MOIS ET DEMI
CUSTOM	· RÉSERVOIR FAIT MAISON AVEC RÉCUPÉRATION DU ROBINET D'ESSENCE D'ORIGINE · CADRE, JANTES ET BRAS OSCILLANT PEINTS À L'ÉPOXY · SELLE MAISON EN CUIR NOIR AVEC SURPIQÛRES · PEINTURE BI-TONS INSPIRÉE DES KAWASAKI SÉRIE Z DES ANNÉES 1970 · ÉCHAPPEMENT 4 EN 2 AVEC SILENCIEUX MEGATON NOIR ET FILTRES À AIR CONIQUE 55 MM · POIGNÉES BILTWELL NOIRES

54

LE CAFÉ RACER
FESTIVAL
PRESSE

L'HEURE DES RUNS

L'ambiance à Montlhéry est clairement différente de celle de la Wheels and Waves. Ici le café racer est la star et les préparateurs européens occupent une place centrale dans l'animation du festival. Dès les premiers pas, les odeurs d'huile de ricin vous agitent les synapses et le bruit des moteurs en plein run vous rappellent que ces machines sont avant tout faites pour avaler du bitume et faire tomber les chronos malgré leur âge. L'asphalte de l'autodrome et son impressionnant virage relevé plongent le visiteur dans un décor de science-fiction digne d'un film de Ridley Scott. Au loin, des grappes de motards se disputent les meilleures places, inscrivant leur machine dans la meilleure courbe possible, frottant parfois sur l'asphalte le cuir des genouillères de leur combinaison. Les clubs de motos mythiques Norton Manx, Bultaco, Terrot et autre Triton font déjà aux visiteurs la promesse de tours de pistes.

À l'occasion du festival, Jérémie expose la prestigieuse CB 500 et son Suzuki GSX low ride. À côté de son stand se dresse le chapiteau de Suzuki. Parmi les motos exposées, la SV 650 de Kikishop Customs trône en bonne place. Après Le Mans Classic, c'est la troisième présentation officielle du travail de Jérémie et visiblement la moto a fait mouche.

LES PRÉPARATEURS

Mais très vite, les premiers sprints sont annoncés. Ce sont des courses sur 200 m départ arrêté qui se jouent devant le paddock du circuit dans la plus pure tradition des courses de café racers originelles. Plusieurs catégories ont été créées afin de permettre à chaque pilote d'exploiter sa machine à armes égales avec les autres concurrents. Chaque sprint voit s'affronter deux pilotes et leur machine. Le vainqueur rencontre celui d'un autre sprint jusqu'à la finale. Appelé à courir dans la catégorie des préparateurs, Jérémie salue l'équipe d'un mouvement de casque avant de mettre les gaz en direction du circuit. Le drapeau à damier s'abaisse et la SV s'élance pour les premières séries de runs.
Dans ce premier tour, elle affronte sa sœur jumelle. Sur les premiers 100 m, les machines sont au coude-à-coude et se disputent la première place. Cabrant sous les coups d'accélérateur des pilotes, les roues avant jonglent, et la victoire se décide finalement au franchissement de la ligne d'arrivée : elle ne sera pas pour le prototype SV qui, sans avoir démérité, accuse sans doute un surpoids ayant joué en sa défaveur.

LES « SULTANS OF SPRINT »

Sur les gradins face aux stands, la foule se masse dans un grondement sourd répondant aux encouragements distincts des spectateurs qui se sont groupés sur le toit ! Le thermomètre monte pendant que chaque pilote pousse sa machine jusqu'à l'emplacement qu'on lui indique. Les pilotes activent dans une joyeuse pagaille. Toutes les machines, de tous les styles, se retrouvent ensemble ; les pilotes échangeant quelques conseils sur la mécanique dans une ambiance bon enfant.

La catégorie des « Sultans of Sprint », qui peut paraître assez énigmatique pour les non-initiés, devient plus explicite lorsque les premières motos s'avancent sur les paddocks. Ces engins survitaminés, laissant parfois entrevoir une bonbonne de nitro sous la selle, arborent des looks totalement hétéroclites, du plus dénudé au plus déjanté, le tout teinté d'esprit « Circuit » et « Mad Max » à la fois. Pas sûr que le respect des traditions du café racer soient vraiment la priorité des propriétaires de ces monstres, mais leur présence est sans aucun doute indispensable au spectacle !

LES COLLÈGUES

ENTRE DEUX RUNS, C'EST L'OCCASION POUR JÉRÉMIE DE REVOIR QUELQUES COLLÈGUES PRÉPARATEURS QU'IL NE CROISE QU'À DE RARES OCCASIONS. LA CONCURRENCE N'ENLÈVE RIEN AU RESPECT POUR LE TRAVAIL DES CONFRÈRES, TELS QUE YANN DE PSYKO KUSTOM, PRÉPARATEUR DE LA HONDA SCRAMBLER 650 ET AMI DE JÉRÉMIE.

SUR LES PADDOCKS, JÉRÉMIE CROISERA ÉGALEMENT, AU DÉPART D'UNE COURSE, LES GARS DE VINCE RACER MOTORCYCLE. CES PRÉPARATEURS CONNUS SONT SPÉCIALISÉS DANS LA COURSIFICATION DE CAFÉ RACERS, ET PLUS PARTICULIÈREMENT DE HONDA CB 450.

À mon retour sur le stand, Jérémie est en pleine interview avec l'équipe TV du festival qui souhaite en savoir plus sur son parcours. Se prêtant à l'exercice avec méthode et expliquant les ressorts de son métier et les aspects caractéristiques du design de ses motos, il confie notamment au journaliste une anecdote importante pour comprendre son processus de création : Jérémie ne pose aucun plan ou dessin de principe de ses café racers avant de démarrer un projet. Toutes les orientations, aussi bien techniques que stylistiques, sont gardées dans un coin de son esprit. Il s'est toujours refusé à poser des schémas techniques ou des croquis qui, selon lui, l'enfermeraient dans un cadre de réalisation dont il aurait du mal à sortir. Avec sa méthode, il construit ses machines au fur et à mesure de leur avancement.

LES VIEILLES ANGLAISES

Fritz Egli, coureur mythique de courses de côte des années 1960, courait sur la marque anglaise Vincent dont il améliora la partie cycle en fabriquant jusque dans les années 1990 son propre cadre, augmentant grandement la tenue de route de la machine et gagnant au passage le surnom de « sorcier ». Patrick Godet, passionné de la marque Vincent, crée une réplique de l'Egli-Vincent et réengage des machines de compétition sur différentes courses, perpétuant ainsi le mythe des Egli-Vincent.

La catégorie que j'attends avec la plus grande fébrilité est évidemment celle des « vieilles anglaises ». Ayant aperçu quelques machines dans les stands, je sais qu'elle va révéler quelques raretés qui ont fait l'âge d'or de ce style de moto. Je ne suis pas déçu en voyant arriver sur les paddocks des machines de rêve. Dans le désordre, une Godet Egli-Vincent 500, une Triton 500, une Tribsa 750 (moteur Triumph 49 CV cadre BSA type A7), proche du scrambler, et bien d'autres encore… Les manches se succèdent et très vite la Godet se détache nettement de ses concurrentes. Les départs de cette machine sont impressionnants et lui permettent de se mettre rapidement à l'abri avant la fin des 400 m du run ! Tout ceci dans une sonorité de moteur… indescriptible !

Animée par un moteur Triumph de 500 cm³ dans un cadre Norton réputé pour sa tenue de route, la Triton est LE café racer par excellence.
Le club Triton France aligne depuis 1995 bon nombre de machines en compétition et continue de faire vivre la légende du café racing.

UN MOT POUR LA FIN

Nous y sommes. Je me rends pour la dernière fois à l'atelier de Kikishop Customs avec une certaine nostalgie. Lorsque j'arrive à l'atelier, je découvre Jérémie accroupi devant la CB 500 Four en compagnie de son fils Léo. Cette vision me révèle immédiatement le mot de conclusion qui me manque pour ce livre. Le mot qui aura guidé ce projet, c'est celui de « transmission » : la transmission du savoir entre générations, depuis Hervé jusqu'au petit Léo qui, à n'en pas douter, prendra la relève. Mais c'est aussi la transmission de la passion des café racers par ce livre qui, modestement, assurera la diffusion de ce phénomène culturel. Après avoir suivi la fabrication de ces trois café racers au style unique, après avoir accompagné Jérémie à Biarritz pour la Wheels and Waves, au salon du deux-roues à Lyon et au Café Racer Festival de Montlhéry, je ne peux m'empêcher de penser que toute cette aventure est passée bien trop rapidement. Une aventure qui m'aura permis, et je l'espère à vous aussi, de mieux comprendre le monde des préparateurs de café racers et plus largement de custom bikes, et d'en savoir un peu plus sur cette passion qui anime des dizaines de milliers de motards. J'aurai croisé des personnages entiers, qui refusent les compromis, qui vivent et communiquent leur passion à chaque instant. J'aurai amené chez Jérémie mes propres amis, qui aujourd'hui encore m'envoient des sms pour me dire qu'ils « en rêvent la nuit ». Alors, malgré la nostalgie, et en repensant à cette photo de mon grand-père au départ du rallye Alger-Oran, j'éprouve une immense satisfaction et le sentiment d'un certain accomplissement.

Jérémie est un préparateur de café racer hors norme, au sens noble. Un préparateur qui met son savoir-faire et sa vision artistique au service de la conception de machines de rêve, tout en respectant l'esprit des café racers des origines. Chaque journée passée à ses côtés tout au long de cette année m'aura confirmé, s'il en était besoin, son génie créatif. J'en suis tellement convaincu qu'au terme de ce récit j'ai finalement cédé aux sirènes du café racer en lui confiant la réalisation… de ma propre machine ! La boucle est ainsi bouclée !

Léo me regarde, un regard qui jauge mais ne juge pas.

REMERCIEMENTS

Un infini merci à Jérémie qui, en acceptant ce projet sans même me connaître, m'a ouvert les portes de son atelier et de son monde sans aucune limite. Kiki, on se gêle dans ton atelier mais on s'y sent vraiment bien ! Merci de m'avoir supporté pendant toutes ces semaines, de m'avoir baladé aux quatre coins de la France et de m'avoir fait découvrir ton travail, ta famille, tes potes et tes créations. Si ce livre est là aujourd'hui, c'est en partie grâce à toi !

Un énorme merci à Hervé pour les inoubliables débats dans l'atelier de Kiki et pour ta sagesse infinie qui te permet d'affirmer que OUI, Kawa c'est les meilleures motos (n'appelle pas ton avocat ce n'est pas une citation !).

Comment ne pas remercier Aude, ma moitié, qui m'a supporté, moi et ma mauvaise humeur, les semaines et les week-ends, pour boucler le livre dans les temps (toi-même tu sais pourquoi ;-)).

Merci à Gégé, mon père, qui a été mis à contribution en rédigeant un bel avant-propos retraçant l'histoire de mon grand-père Georges.

Merci à Yann, Guillaume, Philippe, Benjamin, Romain pour leur aide.

Un franc remerciement à toute l'équipe des éditions du Chêne E/P/A, notamment Jérôme et Flavie, pour l'intérêt qu'ils ont témoigné à ce projet ainsi que pour leurs précieux conseils et leur accueil. Merci Léa pour ta rigueur et ton suivi éditorial (je hais les espaces insécables !), je crois qu'on s'en est bien sortis. Enfin, merci à Yann pour son aide avisée sur la maquette et le graphisme.

FRANÇOIS
www.vafgraphic.com

www.editionsepa.fr

Directrice générale : Fabienne Kriegel
Responsable éditoriale : Flavie Gaidon
Suivi éditorial : Léa Delourme
Direction artistique : Sabine Houplain
Conception et réalisation graphique : Yann Le Dluz
Relecture : Sabine Kuentz
Fabrication : Nicole Thiériot-Pichon

Ventes directes et partenariats : Mathilde Barrois
(mbarrois@hachette-livre.fr)
Relations presse : Hélène Maurice
(hmaurice@hachette-livre.fr)

Édité par les Éditions E/P/A
(58, rue Jean Bleuzen 92178 Vanves Cedex)
Achevé d'imprimer en avril 2017 par Estella Graficas
(Ctra Estella Tafalla KM2, 31200 Estella Navarra, Espagne)
Dépôt légal : mai 2017
ISBN 978-2-85120-911-5
37/0820/9-01